ICS 91.100.10
Q 13

团 体 标 准

T/SBMIA 013—2020

地暖用水泥基自流平砂浆

Cementitious Self-Leveling Mortar for Floor Heating Systems

2020—09—15 发布 2020—10—01 实施

上海市建筑材料行业协会 发 布

目　次

前 言

本标准按照 GB/T 1.1—2009 给出的规则起草。

本标准的某些内容可能涉及专利,本标准的发布机构不承担识别这些专利的责任。

本标准由上海市建筑材料行业协会提出。

本标准由上海市建筑材料行业协会标准调研部归口。

本标准负责起草单位:上海市建筑材料行业协会干混砂浆分会、同济大学、浙江忠信新型建材股份有限公司。

本标准参加起草单位(按拼音排序):德高(广州)建材有限公司、塞拉尼斯(上海)聚合物有限公司、上海标仕建筑工程材料有限公司、上海环宇建筑工程材料有限公司、上海耐齐建材有限公司、上海市建筑科学研究院、上海同济检测技术有限公司、紫荆花化工(上海)有限公司。

本标准主要起草人:张国防、赵洁、范树景、曾翠云、蒋志恒、王昶、李敏波、窦钦锋、陈宁、赵红、伍艳峰。

首批承诺执行单位:同济大学、浙江忠信新型建材股份有限公司、德高(广州)建材有限公司、塞拉尼斯(上海)聚合物有限公司、上海标仕建筑工程材料有限公司、上海环宇建筑工程材料有限公司、上海耐齐建材有限公司、上海市建筑科学研究院、上海同济检测技术有限公司、紫荆花化工(上海)有限公司。

本标准委托上海市建筑材料行业协会干混砂浆分会负责解释。

本标准为首次发布。

地暖用水泥基自流平砂浆

1　范围

本标准规定了地暖用水泥基自流平砂浆的术语和定义、分类和标记、一般要求、技术要求、试验方法、检验规则以及标志、包装、运输和贮存。

本标准适用于建筑物室内地暖系统填充及找平用的水泥基自流平砂浆。

2　规范性引用文件

下列文件对于本文件的应用是必不可少的。凡是注日期的引用文件，仅注日期的版本适用于本文件。凡是不注日期的引用文件，其最新版本（包括所有的修改单）适用于本文件。

GB/T 1346　水泥标准稠度用水量、凝结时间、安定性检验方法

GB 6566　建筑材料放射性核素限量

GB 9774　水泥包装袋

GB/T 10294　绝热材料稳态热阻及有关特性的测定防护热板法

GB/T 17671　水泥胶砂强度检验方法（ISO 法）

GB/T 29756—2013　干混砂浆物理性能试验方法

JC/T 547—2017　陶瓷砖胶粘剂

JC/T 681　行星式水泥胶砂搅拌机

JC/T 985　地面用水泥基自流平砂浆

JGJ 63　混凝土用水标准

JGJ/T 70—2009　建筑砂浆基本性能试验方法标准

3　术语和定义

下列术语和定义适用于本文件。

地暖用水泥基自流平砂浆　cementitious self-leveling mortar for floor heating systems

由水泥、细骨料、掺合料和添加剂等组成，在专业生产工厂经计量混合而成，在现场按比例加水、机械搅拌均匀后具有流平性或稍加辅助性铺摊就能流动找平的，用于地暖系统填充与（或）找平的干混砂浆产品。

4　分类和标记

4.1　分类

4.1.1　按凝结时间和早期强度，地暖用水泥基自流平砂浆（代号 FSL）分为普通型（N）和快硬早强

型(R)。

4.1.2 按抗压强度,地暖用水泥基自流平砂浆分为四个等级:C16、C20、C25、C30。

4.1.3 按抗折强度,地暖用水泥基自流平砂浆分为三个等级:F4、F6、F8。

4.2 标记

产品按下列顺序标记:产品名称、类别、强度等级和本标准号。

示例1:抗压强度等级C20、抗折强度等级F6的普通型地暖用水泥基自流平砂浆标记为:

普通型地暖用水泥基自流平砂浆 FSL N C20F6 T/SBMIA 013—2020

示例2:抗压强度等级C25、抗折强度等级F6的快硬早强型地暖用水泥基自流平砂浆标记为:

快硬早强型地暖用水泥基自流平砂浆 FSL R C25F6 T/SBMIA 013—2020

5 一般要求

本标准包括的产品的生产和应用不应对人体、生物与环境造成有害的影响,所涉及的安全与环保要求,应符合我国相关国家标准和规范的规定。

6 技术要求

6.1 外观

粉料应均匀一致、无结块。

6.2 性能

6.2.1 地暖用水泥基自流平砂浆的性能应符合表1的要求。

表1 地暖用水泥基自流平砂浆的性能要求

项目		性能指标	
		普通型	快硬早强型
凝结时间	初凝/min	—	≥30
	终凝/h	≤6.0	—
流动度/mm	初始	≥130	
	30 min	≥130	
保水率/%		≥95.0	
抗压强度/MPa	3 h	—	≥6.0
	24 h	≥6.0	—
抗折强度/MPa	3 h	—	≥2.0
	24 h	≥2.0	—
拉伸粘结强度/MPa	24 h 原强度	—	≥0.5
	28 d 原强度	≥1.0	
	耐热	≥0.5	
	冷热循环	≥0.5	

表 1　地暖用水泥基自流平砂浆的性能要求(续表)

项目		性能指标	
		普通型	快硬早强型
尺寸变化率/%	标准条件	−0.05～+0.05	
	冷热循环	−0.15～+0.15	
抗冲击性		无开裂且不脱离底板	
放射性核素限量		I_{Ra}≤1.0，I_r≤1.0	
导热系数(25℃)[a]/(W/m·K)		—	
a. 用户若有此要求，由供需双方协商确定			

6.2.2　抗压强度等级应符合表 2 的要求。

表 2　抗压强度等级要求

强度等级	C16	C20	C25	C30
28 d 抗压强度/MPa	≥16.0	≥20.0	≥25.0	≥30.0

6.2.3　抗折强度等级应符合表 3 的要求。

表 3　抗折强度等级要求

强度等级	F4	F6	F8
28 d 抗折强度/MPa	≥4.0	≥6.0	≥8.0

7　试验方法

7.1　标准试验条件

标准试验条件：环境温度(23±2)℃，相对湿度(50±5)%，试验区的循环风速小于 0.2 m/s。

7.2　养护时间允许的时间偏差

所有试件的养护时间允许的时间偏差应符合表 4 的要求。

表 4　试件养护时间允许的时间偏差

试件养护时间	3 h	4 h	20 h	24 h	3 d	14 d	>14 d
养护时间允许的时间偏差	±15 min				±30 min	±2 h	±4 h

7.3　试验材料

7.3.1　试验材料的放置

准备不少于 25 kg 的地暖用水泥基自流平砂浆。所有试验材料(地暖用水泥基自流平砂浆、拌和水等)试验前应在标准试验条件下放置至少 24 h。

7.3.2　试验用混凝土板

试验用混凝土板应符合 JC/T 547—2017 附录 A 的要求。

7.3.3 试验用水

试验用水应符合 JGJ 63 的要求。

7.4 地暖用水泥基自流平砂浆的拌和

按生产厂商说明，称量 2 kg~3 kg 的地暖用水泥基自流平砂浆，准备地暖用水泥基自流平砂浆所需用水量(如给出一个数值范围，则应取中间值)。在所有项目测试过程中，制备样品时的用水量应保持一致。

在符合 JC/T 681 要求的搅拌机中，应按照生产厂商提供的搅拌方式进行拌和，或者按下列步骤进行操作：

a) 将水倒入搅拌锅中；

b) 将地暖用水泥基自流平砂浆在 30 s 内匀速倒入搅拌锅中；

c) 低速搅拌 60 s；

d) 停止搅拌，取出搅拌叶，30 s 内用刮刀清理搅拌叶和搅拌锅壁上的砂浆；

e) 高速搅拌 60 s；

f) 静停 60 s，再继续低速搅拌 60 s。

砂浆拌和好后，备用。

7.5 外观

目测。

7.6 凝结时间

按 7.4 条拌和好砂浆，然后按 GB/T 1346 的规定进行。

7.7 流动度

按 7.4 条拌和好砂浆，然后按 JC/T 985 的规定进行。

7.8 保水率

按 7.4 条拌和好砂浆，然后按 JGJ/T 70—2009 第 7 章的规定进行。

7.9 抗折强度和抗压强度

按 7.4 条拌和好砂浆，按 GB/T 17671 规定方法成型试件，但无需振动。

地暖用水泥基自流平砂浆的 24 h 抗折强度和抗压强度，是在标准试验条件下养护 24 h 后脱模，然后按 GB/T 17671 的规定进行。28 d 抗折强度和抗压强度，是脱模后，继续在标准试验条件下养护 27 d，然后按 GB/T 17671 的规定进行。

快硬早强型地暖用水泥基自流平砂浆的 3 h 抗折强度和抗压强度，是在标准试验条件下养护 3 h 后脱模，然后按 GB/T 17671 的规定进行。

7.10 拉伸粘结强度

7.10.1 拉伸粘结原强度

按 7.4 条拌和好砂浆，按照 GB/T 29756—2013 第 12 条的规定成型 10 个试件，试件成型厚度为(5±1)mm。

地暖用水泥基自流平砂浆的 28 d 拉伸粘结原强度，是在标准试验条件下养护 27 d；将试件取出，用适宜的高强度粘结剂将拉拔接头粘结在试件成型面上；在标准试验条件下继续静置 24 h；然后按照 GB/T 29756—2013 第 12 条的规定进行，并记录拉伸破坏位置。

快硬早强型地暖用水泥基自流平砂浆的 24 h 拉伸粘结原强度，是在标准试验条件下养护 20 h 后，将试件取出，用适宜的高强度粘结剂将拉拔接头粘结在试件成型面上；在标准试验条件下继续静置 4 h；然后按照 GB/T 29756—2013 第 12 条的规定进行，并记录拉伸破坏位置。

7.10.2　耐热拉伸粘结强度

按 7.4 条拌和好砂浆，按照 GB/T 29756—2013 第 12 条的规定成型 10 个试件，试件成型厚度为（5±1）mm。在标准试验条件下养护 14 d，然后将试件放入（60±2）℃的电热鼓风干燥箱中 14 d，应保证每个试件周围空气自由循环。

将试件取出，用适宜的高强度粘结剂将拉拔接头粘结在试件成型面上；在标准试验条件下继续静置 24 h；然后按照 GB/T 29756—2013 第 12 条的规定进行，并记录拉伸破坏位置。

7.10.3　冷热循环拉伸粘结强度

按 7.4 条拌和好砂浆，按照 GB/T 29756—2013 第 12 条的规定成型 10 个试件，试件成型厚度为（5±1）mm。在标准试验条件下养护 14 d，然后将试件按照如下步骤进行冷热循环试验：

1）将试件在（60±2）℃电热鼓风干燥箱中，保持 24 h±20 min；

2）将试件在（23±2）℃标准养护条件下，保持 24 h±20 min。

重复上述冷热循环 7 次。在最后一次循环后，将试件取出，用适宜的高强度粘结剂将拉拔接头粘结在试件成型面上；在标准试验条件下继续静置 24 h；然后按照 GB/T 29756—2013 第 12 条的规定进行，并记录拉伸破坏位置。

7.11　尺寸变化率

7.11.1　标准条件下的尺寸变化率

按 7.4 条拌和好砂浆，然后按 JC/T 985 的规定进行。

7.11.2　冷热循环下的尺寸变化率

按 7.4 条拌和好砂浆，然后按 JC/T 985 规定方法进行制备试件，在标准试验条件下养护 3 d，测量试件长度，作为初始长度 L_0，然后将试件按照如下步骤进行冷热循环试验：

a）将试件在（60±2）℃电热鼓风干燥箱中，保持 24 h±20 min；

b）将试件在（23±2）℃标准养护条件下，保持 24 h±20 min。

重复上述冷热循环 14 次。在最后一次循环后，取出试件，然后按 JC/T 985 的规定进行。

7.12　抗冲击性

按 7.4 条拌和好砂浆，然后按 JC/T 985 的规定进行。所用混凝土板为 7.3.2 条规定的混凝土板。

7.13　放射性核素限量

按 GB 6566 的规定进行。

7.14　导热系数

按 7.4 条拌和好砂浆，然后将砂浆倒入内腔尺寸 400 mm×400 mm×30 mm 的模具（也可是符合导热系数测定仪要求的其他尺寸)，刮平但无需振动，标准养护条件下养护 24 h 后脱模，将试件在标准养护条件下继续养护 27 d；在(70±2)℃下烘干至恒重(恒温 3 h 两次称量试件质量的变化率小于 0.2%)；然后按 GB/T 10294 的规定进行。

8 检验规则

8.1 检验分类

按检验类型分为出厂检验和型式检验。

8.1.1 出厂检验

普通型地暖用水泥基自流平砂浆的出厂检验项目包括外观、凝结时间、流动度、保水率、抗压强度和抗折强度(24 h 和 28 d)。

快硬早强型地暖用水泥基自流平砂浆的出厂检验项目包括外观、凝结时间、流动度、保水率、抗压强度和抗折强度(3 h 和 28 d)、24 h 拉伸粘结原强度。

8.1.2 型式检验

型式检验项目包括本标准第 6 章中的全部项目和供需双方合同中商定的性能。有下列情况之一时，应进行型式检验：

a) 新产品投产或产品定型鉴定时；

b) 正常生产时，每年至少进行 1 次；

c) 出厂检验结果与上次型式检验结果有较大差异时；

d) 产品停产 6 个月以上恢复生产时；

e) 原材料、配方和生产工艺发生较大变化时。

8.2 组批

连续生产，同一配料工艺条件制得的产品为一批。地暖用水泥基自流平砂浆产品为 200 t 为一批。不足上述数量时亦作为一批。

8.3 抽样

每批产品随机抽样，抽取不少于 50 kg 样品。取样后，将样品一分为二。一份检验，一份留样。

8.4 判定规则

产品检验结果符合标准规定时，则判该批产品合格。若结果中有一项不符合标准要求时，重新用留样对该项目复检。若该项目符合标准规定时，则判该批产品合格；若仍不符合标准规定时，则判该批产品不合格。

9 标志、包装、运输和贮存

9.1 标志

产品外包装上应包括：

a) 生产厂名、地址；

b) 商标；

c）产品标记；

d）产品净质量；

e）产品用水量(水料比)；

f）生产日期或批号；

g）运输和贮存注意事项；

h）贮存期；

i）使用说明书。

9.2 包装

9.2.1 产品宜采用防潮复合包装袋包装。每袋净含量不应小于其标志质量的99%。随机抽取20袋,总质量(含包装袋)不应小于标志质量总和的100%。包装袋应符合GB 9774的规定。不同用途的产品,包装应有明显区别。

9.2.2 产品包装中应附有产品合格证。

9.3 运输和贮存

9.3.1 运输和贮存时,不同类型、用途的产品应分别堆放,不应混杂。避免日晒雨淋,禁止接近火源,防止碰撞,注意通风。

9.3.2 产品应在室内干燥贮存,应有防雨、防潮、防扬尘措施。

9.3.3 产品贮存期自生产之日起计时,不宜超过6个月,并在产品说明书与包装标识上明示。

图书在版编目(CIP)数据

地暖用水泥基自流平砂浆 / 上海市建筑材料行业协会主编. —上海：同济大学出版社，2020.11

ISBN 978-7-5608-9576-5

Ⅰ. ①地… Ⅱ. ①上… Ⅲ. ①水泥基复合材料—砂浆—地方标准—上海 Ⅳ. ①TQ177.6-65

中国版本图书馆 CIP 数据核字(2020)第 218280 号

团体标准

地暖用水泥基自流平砂浆

上海市建筑材料行业协会 主编

责任编辑 朱 勇
责任校对 徐春莲
封面设计 陈益平

出版发行 同济大学出版社 www.tongjipress.com.cn
(地址:上海市四平路 1239 号 邮编：200092 电话:021－65985622)
经 销 全国各地新华书店
印 刷 常熟市大宏印刷有限公司
开 本 889mm×1194mm 1/16
印 张 1
字 数 32 000
版 次 2020 年 11 月第 1 版 2020 年 11 月第 1 次印刷
书 号 ISBN 978-7-5608-9576-5
定 价 20.00 元